撒 沙

科学艺术家
科普书作家
圣彼得堡国立艺术学院艺术学博士
莫斯科大学古生物学在读硕士

　　我出生在圣波得堡，虽然平时都在大城市生活，但是每年的暑假我和弟弟都是在姥姥家度过的，姥姥家就在大森林旁边。在那里我们常常能发现各种各样的小动物。有时候我们也会做一些对小动物来说很可怕的事情。有一次我们正在追打一只大蜘蛛，正好有个朋友来了，说："你们不要打蜘蛛，它们也是生命！"这句话对我们的影响非常大，从那以后，我们再也没折磨过小动物。现在我和弟弟都已经有了自己的孩子，我们都非常重视对孩子的教育。告诉孩子们小草、大树、小虫子、蜗牛、鸟等都是大自然家庭的一员，教育他们要爱护大自然！我希望这套《家门外的自然课》系列图书能让小朋友们和我的孩子一样，学会喜欢和保护大自然！

撒　沙

撒沙对于这套书的创作是从这个笔记本开始的，上面密密麻麻记录了她认为对于孩子而言有趣的知识点，通常是用俄语、汉语、英语三种语言来完成这样的记录。

这套书送给魏嘉、倍嘉、锁嘉和所有爱大自然的孩子！ —撒沙

家门外的自然课系列

［俄］撒 沙
冯 骐 著
［俄］撒 沙 绘

看！树木

山东科学技术出版社
·济南·

树木与我们的生活

你在看的这本书是纸做的，那纸又是用什么做的呢？木头。我在画这本书时用到了铅笔。铅笔杆是用什么材料做的呢？也是木头。

我们的家具、玩具、生活用品、生产工具……很多东西都是用木头做的。木头来自树的枝干。此外，很多食物、药物也来自树木的各部分。

！！！

树木给了我们很多。当然，树木对大自然来说也是不可缺少的。

树冠

树干

小朋友，请你说一

树根

2

盆景树是人们养在花盆里的小树木，起源于中国古代园林造景。

槭树盆景

古羊齿

大约 4 亿年以前，地球上出现了树。当时的树还不到半米高。图中的古羊齿树生活在大约 3.7 亿年以前，它已经非常高大了，大约 20 米高。它还不会开花，叶子像蕨类植物的叶。现在地球上已经没有这种树了。

巧克力是用可可豆做的，可可豆长在可可树上。

中哪些东西不是用木头做的？

3

树木有什么样的？

所有的树木都分属于两类植物：裸子植物和被子植物。裸子植物不开花，但它们会产生花粉，也会结出种子。裸子植物大多是高大的常绿树木。

红松

柏树

银杏是现在还存活的最古老的树种之一。它的祖先出现于2.3亿年以前。这种树还见过恐龙呢！

地球上最高的树属于裸子植物：它是北美洲的巨杉，平均可长到50至85米，纪录中最高的可达93.6米。世界上最老的树也属于裸子植物。（请看第24-25页。）

银杏

4

王棕

棕榈（Lǘ）植物不是真正的树木，它们有一些长得像树木，有一些长得像灌木，还有一些像竹子一样，是巨大的草。

被子植物出现得比裸子植物晚，它们的特征是会开花。属于被子植物的树，它们的叶子和花千变万化，而且还会用各种各样的方法保护和散播它们的宝宝——种子。

杨树

玉兰

桃树

5

自然为什么需要 树木？

每棵树都是大自然里一个独特的"小·世界"。小鸟喜欢在树枝上建造鸟巢，在里面生活并抚育宝宝。树冠是很多小·昆虫的家，树根周围也常常生活着像蚯蚓这样的小·动物！小·动物们更喜欢在远离人类居住区的地方安家，因为很多时候人类并不是它们友好的邻居！

圆掌舟蛾的幼虫在吃树叶。

圆掌舟蛾

蜜蜂

!!! 很多树的果实可以食用或药用。你知道吗？我们吃的大部分水果都长在树上。（注意：树上长的果子不能随便摘来吃！要征得爸爸妈妈的同意才行！）

椴（duàn）树

菜粉蝶在吃花蜜。

草蛉在捉蚜虫。

　　我们也能在这些树上发现食物链的一部分：蝴蝶和蛾子的幼虫吃树叶，蚂蚁吃蝴蝶和蛾子的幼虫。蚂蚁还在树上"饲养"蚜虫：蚜虫吸树木嫩芽里的汁，蚂蚁喝蚜虫分泌的"蜜"。鸟既吃树木的花和果实，也吃这些小昆虫。没有了虫子，鸟宝宝就会饿死；没有了鸟，太多的虫子就会咬坏树木。没有了树木，虫子和鸟就没有了家，也会缺少食物。

小红蛱蝶在吃花蜜。

?

小朋友，请你想一想，树根之间是谁的家？

（答案在第 16-17 页。）

鸫（dōng）宝宝的家。

象鼻虫

杨树

柏树

雪松

柳树

银杏

橡皮树

!!! 树可以美化环境，净化空气，调
节气候，城市周边的树还能起到降低
风速和防止水土流失的作用。它能吸
收空气里的二氧化碳，释放我们呼吸
所需要的氧气。

泡桐

槐树

8

树还可以降低城市里的噪音，在夏天为我们提供阴凉，让我们的生活更加舒适！

有的树是城市交通安全的小卫士，比如人行道和机动车道之间的树，就是天然的安全屏障。

? 小朋友，左页图和右页图最大的区别是什么？对了，右图中没有树木！请你拿笔在右图上画一些树，让城市变漂亮吧！

城市里的树木

城市里的树大多是专业园林工作人员种植的。并不是所有的树木都适合在城市里种植：有些树到了春天，一开花就会让我们打喷嚏；还有些树到了一定的年龄，树枝就会脱落，这对我们来说很危险。

树是我们人类的好朋友，我们要爱护身边的树。

9

树叶

大自然里的树叶多种多样，就算在同一棵树上，你也不可能找到两片完全相同的叶子！不同种类的树叶之间差别就更大了，所以树叶常常能帮我们识别树的种类。

柏树的叶片

老叶

新叶

柏树叶特别小，有点像鱼鳞，一片一片地长在一起。

松树的叶子

松树的叶子长长的，细细的，尖尖的，一年四季都是绿绿的。

泡桐树的叶子特别大，最大的长约 70 厘米。夏天在泡桐树荫下特别舒服！泡桐树叶子的叶缘十分平滑，叫叶全缘。

所有的树叶腐烂之后都是这种颜色。这就是叶脉的颜色。

芒果树的叶子

芒果树的叶子又长又细。

叶脉

叶缘

叶柄

10

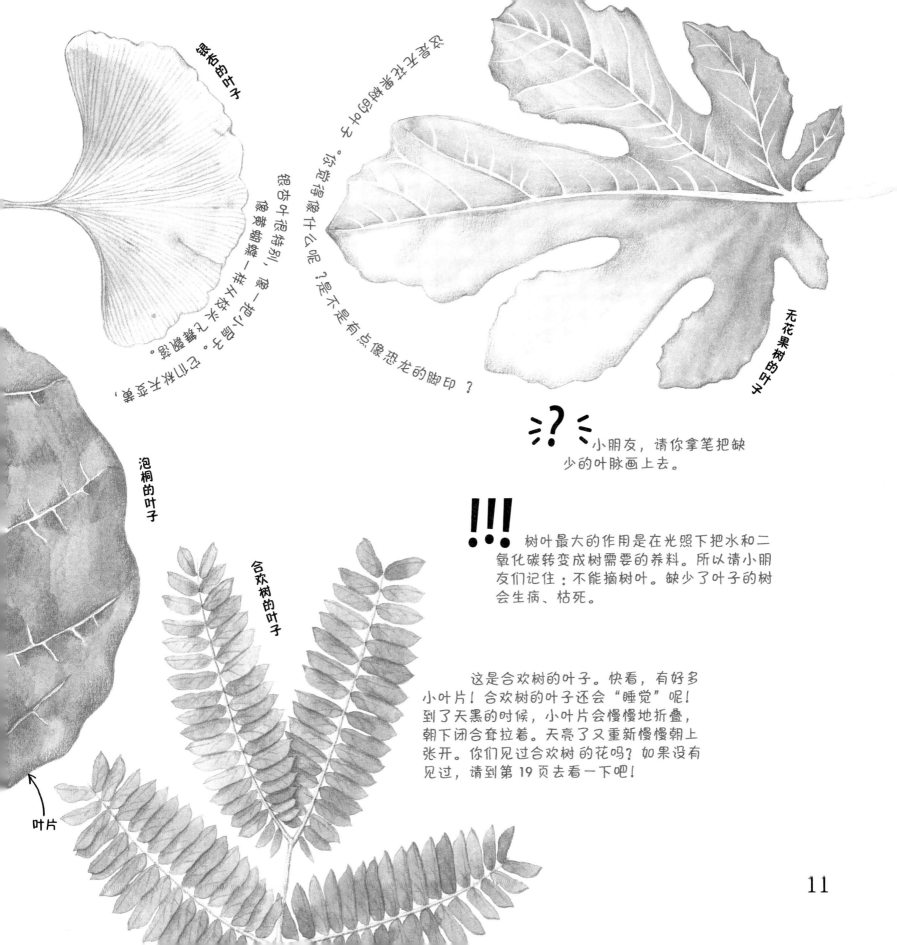

银杏的叶子

无花果树的叶子

泡桐的叶子

合欢树的叶子

叶片

银杏叶很特别，像一把小扇子，也像黄蝴蝶一样飞来飞去。

你觉得像什么呢？是不是有点像恐龙的脚印？

？ 小朋友，请你拿笔把缺少的叶脉画上去。

!!! 树叶最大的作用是在光照下把水和二氧化碳转变成树需要的养料。所以请小朋友们记住：不能摘树叶。缺少了叶子的树会生病、枯死。

这是合欢树的叶子。快看，有好多小叶片！合欢树的叶子还会"睡觉"呢！到了天黑的时候，小叶片会慢慢地折叠，朝下闭合耷拉着。天亮了又重新慢慢朝上张开。你们见过合欢树的花吗？如果没有见过，请到第19页去看一下吧！

11

谁给树叶涂颜色？

为什么大多数树叶是绿色的？这是因为树叶里有群勤劳的小工匠——叶绿体。它们小到肉眼看不见，但在光照下能把树木吸收的二氧化碳和水变成食物，帮助树木生长。叶绿体里有叶绿素，正是叶绿素让树叶看起来绿绿的。

并不是所有的树叶都是绿色的。有的树叶含有较少的叶绿素，却含有较多的胡萝卜素（黄色的）或者花青素（紫色的、红色的、蓝色的）等，这让树叶呈现出不同的颜色。

红叶桃和紫叶李的叶子是紫红色的。有一些松树，比如美国的蓝杉，叶子是蓝色的。有一些种类的柳树，叶子是银色的。

有一些树，它的叶子两面颜色不同。比如银灰杨，它的叶子一面是绿色的，另一面是银白色或银绿色的。

？ 为什么秋天很多树叶会变颜色？（答案在第22-23页。）

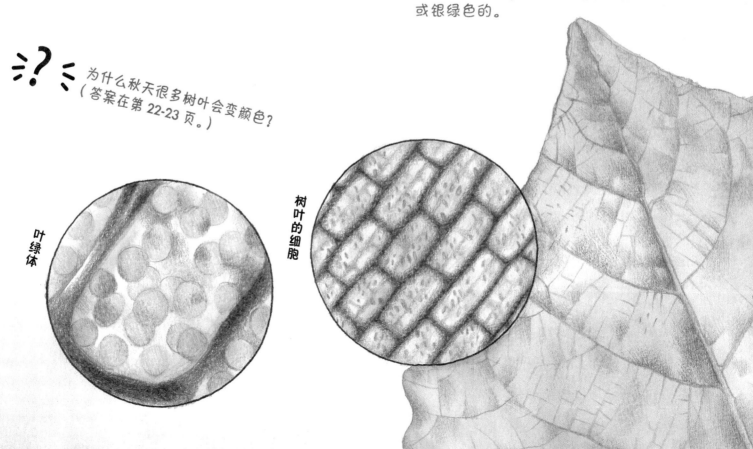

叶绿体

树叶的细胞

12

红叶桃

蓝杉

柳树

银灰杨

偷糖树

紫叶李

!!! 小朋友，你知道吗？地球上大部分植物的颜色跟当地的太阳辐射强度和环境有关。也许茫茫宇宙里的另一个星球上也生长着植物，但它们就不一定是什么颜色的了。

小朋友，请你根据自己的想象，给这些遥远星球上的植物涂上颜色。

有一些树刚长出来的嫩叶呈现出特别的颜色。比如香椿的嫩叶（香椿芽）是红色的。

13

神奇的树皮

小朋友，你发现了吗？不同树木的树皮花纹都不一样！在同一棵树上，不同位置的树皮花纹也不完全一样。

小朋友，没有写名字的树皮分别是哪种树上的？（你可以参考本书第 4-5 页的图片来得到正确答案。）

在树皮上刻字对树木有害！这棵树木已经死掉了。

王棕的树皮摸起来比较光滑。

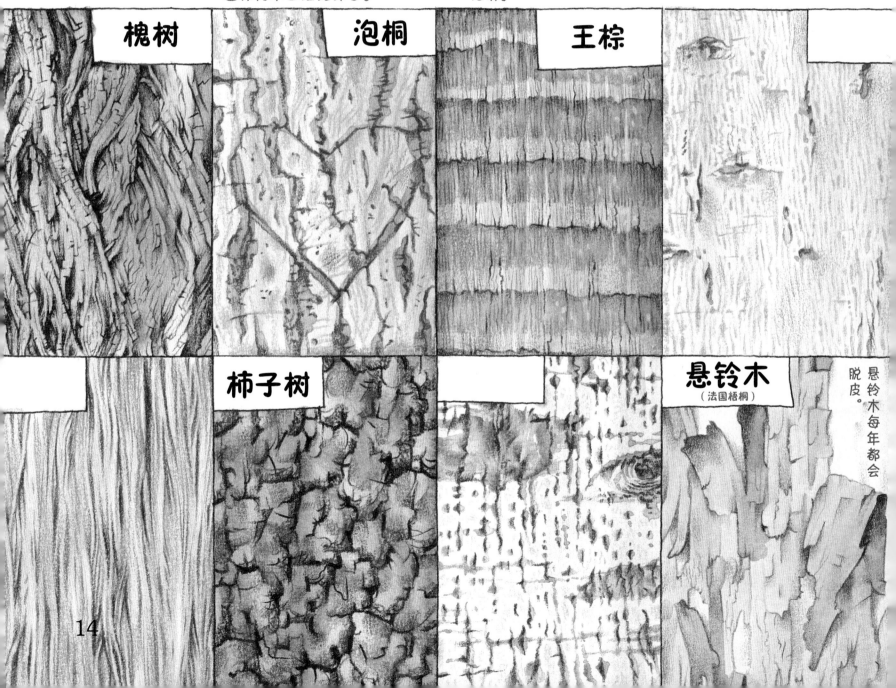

槐树

泡桐

王棕

柿子树

悬铃木（法国梧桐）

悬铃木每年都会脱皮。

14

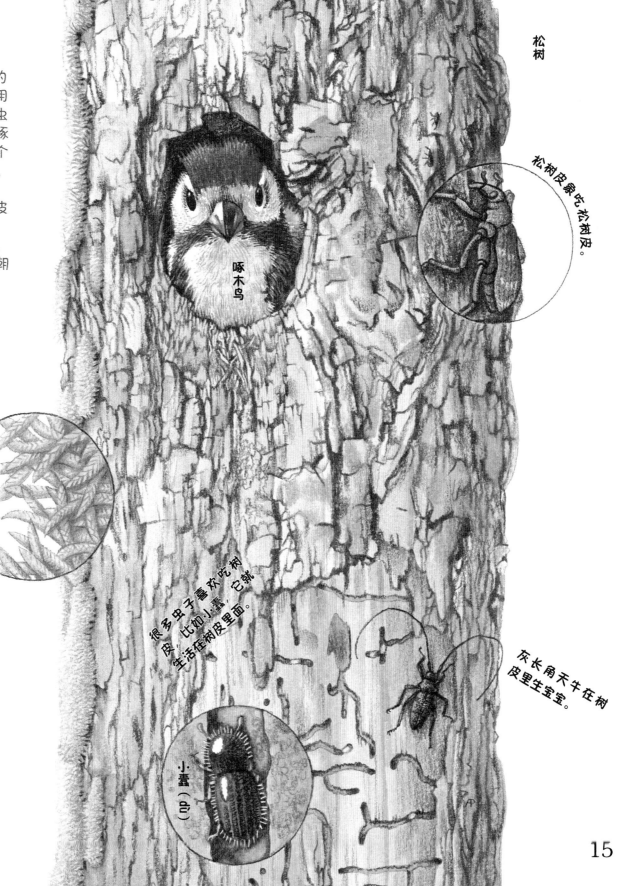

有些鸟喜欢吃树上的昆虫。比如啄木鸟，它用长长的、尖尖的嘴巴把虫子从树皮里面叼出来。啄木鸟也会在树干上啄出个比较大的洞来当它的家。

树皮上还会长苔藓，我们可以借助它们在树皮上的分布规律来辨别方向。一般来说，在中国，树干上苔藓较多的一面朝向北方。

松树

松树皮象吃松树皮。

啄木鸟

苔藓

!!! 树皮有两层。外面的一层是保护树木的，不让害虫和细菌进入树干。里面的一层是帮助树木"吃饭"的，它贮藏养分，还会把养分传送到树木的其他部分。天很冷的时候，里面这层树皮会变得迟钝，甚至停止工作。

很多虫子喜欢吃树皮，比如小蠹，它就生活在树皮里面。

灰长角天牛在树皮里生宝宝。

小蠹（dù）

15

树根有时候也能发芽。如果树木地上的部分被砍掉了，距离地面最近的树根上能长出新的树苗来。树根之间还会有小动物出没，比如蚯蚓、各种昆虫的幼虫、蚂蚁等。

杨树

小朋友，这只蚯蚓想要爬到地下去，你能帮它画出一条没有障碍的通道吗？

树根暗藏的大迷宫

树根是树木非常重要的部分，一般埋在地下，而且伸展得很广，既支撑着树木的地上部分，也负责从泥土里吸收水分和养分。

树根有粗有细，交叉纵横。只有主根和侧根的根系叫直根系；主根不明显，侧根或不定根特别多的根系叫须根系。主根在萌芽时就有了，上面会渐渐生出侧根。还有一些根不生在主根上，而是生长在茎的各个部分，比如榕树就有生在树干上、荡在空中的根，这样的根叫不定根。

杨树种子刚发芽的时候还有主根，以后就分不出来了。

16

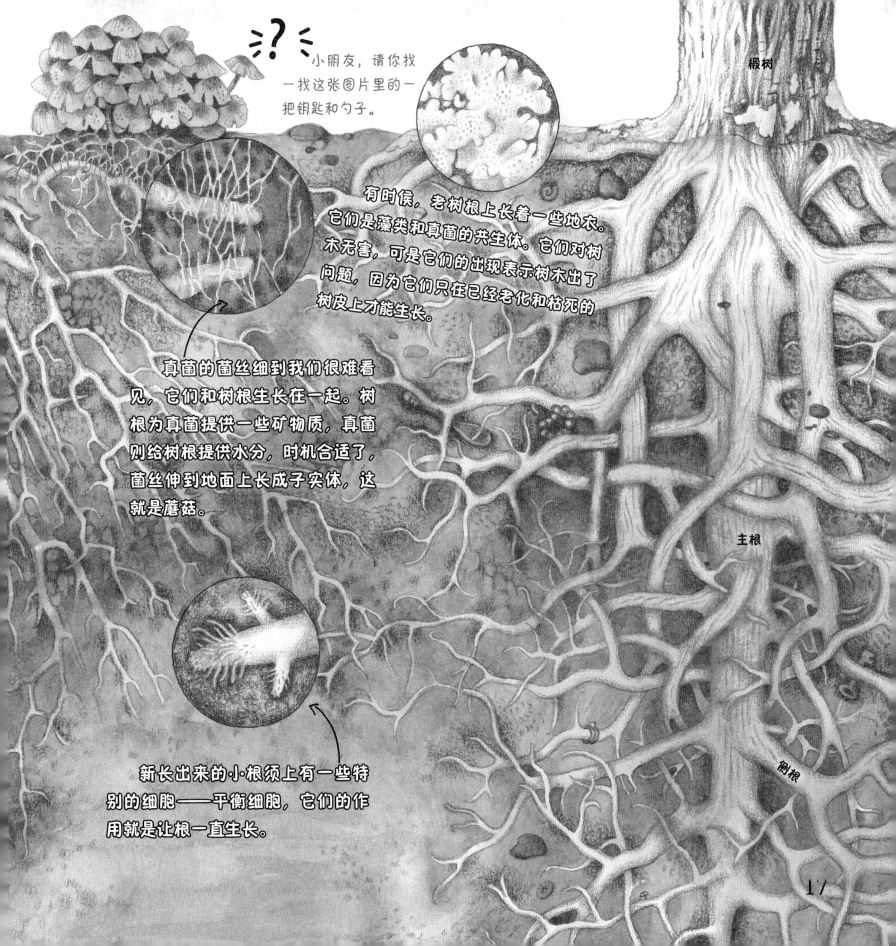

小朋友，请你找一找这张图片里的一把钥匙和勺子。

椴树

有时候，老树根上长着一些地衣。它们是藻类和真菌的共生体。它们对树木无害，可是它们的出现表示树木出了问题，因为它们只在已经老化和枯死的树皮上才能生长。

真菌的菌丝细到我们很难看见，它们和树根生长在一起。树根为真菌提供一些矿物质，真菌则给树根提供水分，时机合适了，菌丝伸到地面上长成子实体，这就是蘑菇。

主根

侧根

新长出来的小根须上有一些特别的细胞——平衡细胞，它们的作用就是让根一直生长。

17

树木的花

在中国，很多树在春天开花。有些树先开花后长叶。

树为什么开花？因为花儿是种子诞生的摇篮。大部分花儿里面长有雌蕊和雄蕊。雄蕊将花粉传给雌蕊，这个过程叫授粉。各种树木都采用不同的方式完成授粉，有时候还需要昆虫帮忙！

玉兰是种很古老的植物——它们的祖先见过恐龙呢！玉兰的花又大又美，授粉方式也很特别：花瓣刚刚张开时，有几种甲虫能爬进花里面去，帮雌蕊授粉。等这朵花完全开放以后，各种昆虫都会来吃花粉和花蜜，这时雄蕊就趁机把花粉洒在昆虫身上，让它们带给别的花朵。

泡桐的花非常漂亮，它们是浅紫色的，像小铃铛一样。

桃树开花时是早春，那时天气比较冷，通常只有蜜蜂能帮桃花授粉。桃园里种植的桃树，往往需要人类帮忙才能完成授粉。这样过一段时间以后，小朋友们就可以吃上美味的桃子了！

玉兰花

泡桐花

桃花

18

小朋友，你妈妈最喜欢什么树的花？请你查查资料或者去外面观察一下这种树的花长得什么样，画在这里送给你的妈妈吧！

你认识杨树的花吗？好多小花长在一起，花序长长的，毛茸茸的，像毛毛虫一样！杨树和人一样有性别的区分。雄树上的花只有雄蕊，雌树上的花只有雌蕊。风儿帮杨树授粉。

你见过合欢树的花吗？它长得很特别！我们看到的合欢花其实是许多长在一起的小花。合欢花的雄蕊又多又长，让整个花序看起来毛茸茸的。

无花果会开花吗？会！只不过它的花很小，藏在小皮球一样的花托里面。会有小小的飞虫爬进去帮它授粉。

槐花

杨树花

雄花

未开放的雌花

雌花

合欢花

无花果花

19

榆树种子

每一个榆树宝宝
都长着一圈儿圆圆的
翅膀，很薄。

槭(qì)树种子

槭树的宝宝
会牵手一双一双
地飞！

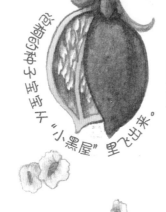

泡桐种子

泡桐的种子宝宝从"小漂屋"里飞出来。

白蜡树的宝
宝只有一只翅
膀，但很长！

白蜡树种子

臭椿的宝宝是飞
行高手！它能飞得很
远，舞姿也很漂亮！

臭椿种子

油松种子

油松的种子宝宝很小，它以后会背着小翅膀，两手牵着一个飞老爷子。

杨树种子

杨树宝宝的飞行工具
不像翅膀，而像降落伞，
它让这些小小的种子宝宝
飞得又高又远。

椴(duàn)树种子

椴树的好几个宝宝一起用一个翅膀飞。

悬铃木（法国梧桐）种子

好多悬铃木宝宝长在一起，
形成一个小球。这些小球在大风
里撞碎了，或者掉到地上被小朋
友踩了，种子就会掉出来被风吹
走了。如果你摸了悬铃木种子上
的毛，会感到手上痒痒的。

20

树木的"宝宝"

　　大部分树在夏天和秋天生"宝宝"。它们的宝宝就是它们的种子。种子最大的目标就是落地。各种树木的种子不仅模样不同，落地的方式也不同。

　　很多种子宝宝会"飞"，因为它们非常轻薄，能被风吹到很远的地方。

　　小朋友，夏天或秋天你可以捡一些树的种子。你觉得哪一种树的宝宝飞得最好看？请在你认为飞得最好看的种子宝宝旁边画个红点。

　　不少树的种子宝宝长在果实里面，比较重，也没有翅膀。它们出生以后直接从枝头掉到地上，离树妈妈很近。这类种子宝宝有时也会被动物或人类带到更远的地方。

玉兰的种子宝宝有一个小房子，房子的门一打开，种子宝宝就出来啦！

玉兰种子

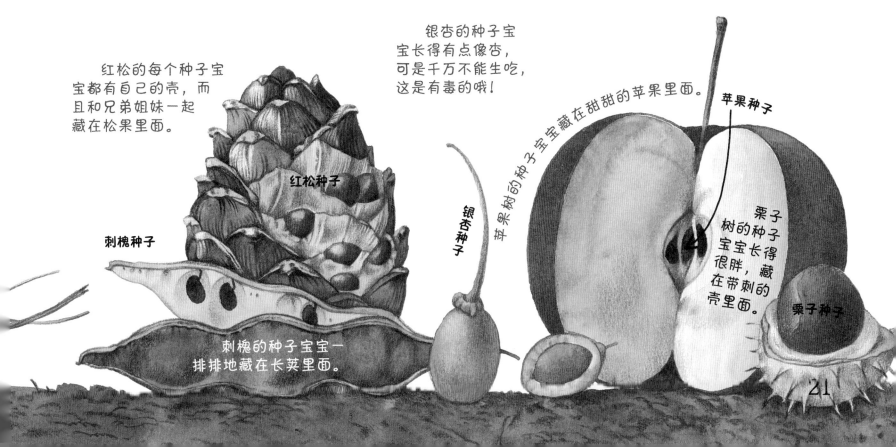

红松的每个种子宝宝都有自己的壳，而且和兄弟姐妹一起藏在松果里面。

红松种子

银杏的种子宝宝长得有点像杏，可是千万不能生吃，这是有毒的哦！

苹果树的种子宝宝藏在甜甜的苹果里面。

苹果种子

刺槐种子

刺槐的种子宝宝一排排地藏在长荚里面。

银杏种子

栗子树的种子宝宝长得很胖，藏在带刺的壳里面。

栗子种子

21

树木的四季

春天是树苏醒的季节。树木大多在春天长叶，开花。

夏天充足的阳光和丰富的雨水让树木枝繁叶茂。

小朋友，图中的玉兰树很多地方没有颜色。请你根据图中的"小色点"为它涂上颜色。

花的蓓蕾

准备长叶子

开花了

花开败了

开始长叶子

22

秋天，有些树叶子里的叶绿素慢慢变少，别的色素就显露出来，树叶变得或黄或红。多数树叶在最后会变成灰褐色——这就是树叶中所有的色素都褪去之后的颜色，也是叶脉的颜色。

小朋友，在你家周围最常见的树是哪一种？你知道它的名字吗？你可以问问爸爸妈妈或爷爷奶奶。请你们一起把它的情况写在这里。

冬天，在寒冷的地方，很多树叶子落尽，停止了生长。树休息了。

我家旁边的树叫____。
__月，长出了新叶子。
__月，它开花了。
__月，它结了果实。
__月，它的叶子纷纷地落下来了。

23

树木的年龄

每一种树的年龄不同。大部分树能活不止一百年，寿命比我们人类要长很多。怎样才能知道树的年龄呢？科学家们发现了一种不用破坏树木就能知道它年龄的办法。或者是树被砍掉以后，可以在树桩上看到很多圆圈，这就是树的年轮。树每年长一圈新的年轮。

每圈年轮中，颜色较浅、较宽的部分是树长得比较快时形成的（一般就是水和阳光充足的时候）；颜色较深、较窄的部分是树长得比较慢时形成的（一般就是天冷的时候）。变形的、不规则的年轮表明树在那段时间里受了伤。一棵树有多少圈年轮就有多少岁！

这棵树木开始生长。

树木小小的种子长成大树需要好多年的时间！树都是多年生的植物。

小朋友，请你在小黄旗上写上你读这本书的年份！

爸爸

妈妈

我

你的年份妈妈请你参考小黄旗的年份在爸爸妈妈的帮助下找出你出生那年形成的年轮，并把它与紫色的旗子连起来。你还可以找出爸爸妈妈或其他家人出生那年形成的年轮。有没有人的年龄比这棵树大？（假设这棵树是今年砍下来的。）

24

落叶松的年轮。

这是四千八百多岁的狐尾松！人们为它起了个名字叫玛士撒拉。它长在美国内华达州。

玛士撒拉（狐尾松）

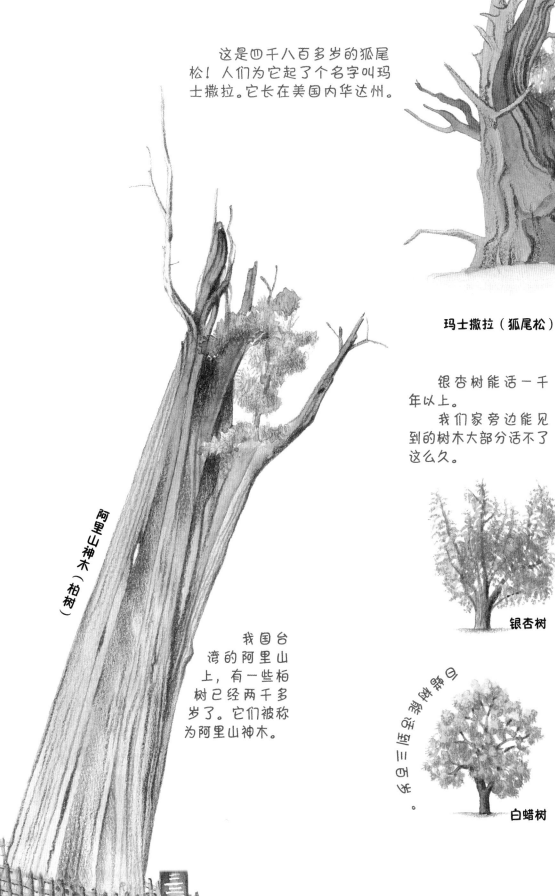

阿里山神木（柏树）

我国台湾的阿里山上，有一些柏树已经两千多岁了。它们被称为阿里山神木。

银杏树能活一千年以上。
我们家旁边能见到的树木大部分活不了这么久。

银杏树

悬铃木也能活两千多年。

悬铃木

榆树能活到一百多岁左右。

榆树

白蜡树能活到三四百年。

白蜡树

杨树能活到一百多岁，可是它容易生病，一般只活到六十岁左右。

杨树

25

树木会交流吗？

　　树既没有嘴巴说话，也没有耳朵听声音，那它们怎样交流呢？它们靠释放气味来交流信息。如果有虫子伤害到一棵树，这棵树就会产生一些物质散发到空气中。我们的鼻子闻不到，可是旁边的树能感觉到。收到这种"信息"以后，没有被侵害的树也开始释放同样的物质，这样就会有更多的树接收到这些信息。受到不同伤害时，树释放不同的"信息"。

　　这些是澳洲科学家在研究榆树和飞蛾时发现的。

!!! 其实树没有我们想象得那么简单。

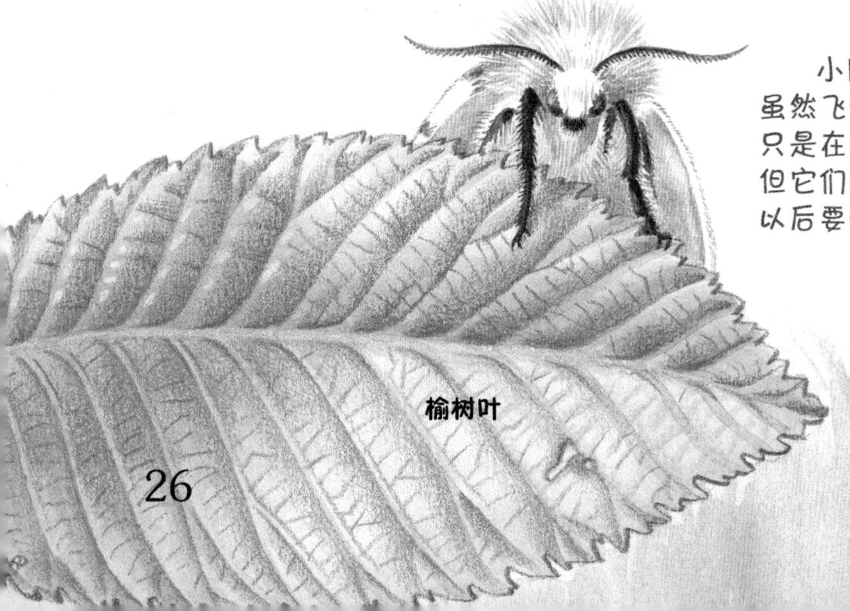

小朋友，你知道吗？
虽然飞蛾不吃树的叶和花，
只是在树叶或树皮上产卵，
但它们的宝宝毛毛虫出生
以后要吃大量的树叶。

榆树叶

小朋友，请你在图中找出9
只正在飞的舞毒蛾。

树根也有它们自己的"秘密语言"。
树根不只吸收水分和养料，还会产生多种
化学物质。这些化学物质传递的"液体语
言"会赶走树根上的虫子和病毒。

26

榆树

舞毒蛾妈妈

舞毒蛾爸爸

27

我是小小科学家

小朋友，你已经了解了不少有关树木的知识，也认识了不少树木的品种。现在你可以做一些科学研究。

　　图中是很多不同形状的树和不同的树叶。请把你见过的树木和它的叶子连起来，如果能在旁边写上树木的名字就更好了！

　　如果树底下有掉落的树叶或花朵，请你捡些好看的，夹到这本书里面压平。回家后，请你与爸爸妈妈一起把你收藏的树叶、花朵贴在这里的空白处，并在旁边写上树木的名字。

　　但请你注意两件事：第一，为了你的安全，探索大自然时要有大人陪同；第二，不要为了探索大自然而去破坏树木。

柏树

这些是撒沙在上大学之前画的树皮。每种树的树皮纹理都不一样,非常美丽。

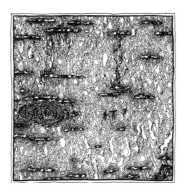

树皮之一

树皮之二

树皮之三

树皮之四

树皮之五

撒沙看到这棵被刻字的树感觉很痛心,在这本书里她特地画了一张被刻字的树皮,并提示小朋友要爱护树木。

撒沙为了观察植物的细节专门买了高倍显微镜。

撒沙为了创作这本书,拍了许多树皮的照片。

30